LES

TRAVAUX SOUTERRAINS DE PARIS

V

DEUXIÈME PARTIE

LES ÉGOUTS

DE PARIS

PAR

M. BELGRAND

MEMBRE DE L'INSTITUT
INSPECTEUR GÉNÉRAL DES PONTS ET CHAUSSÉES
DIRECTEUR DES EAUX ET DES ÉGOUTS DE PARIS

ATLAS

PARIS

Vᵉ CH. DUNOD, ÉDITEUR

LIBRAIRE DES CORPS DES PONTS ET CHAUSSÉES, DES MINES ET DES TÉLÉGRAPHES

49, QUAI DES AUGUSTINS, 49

1887

14030 — PARIS, IMPRIMERIE A. LAHURE
9, rue de Fleurus, 9

INDEX DES PLANCHES DE L'ATLAS

CARTES ET DESSINS STATISTIQUES

MATÉRIEL DE NETTOIEMENT DES ÉGOUTS COLLECTEURS

VUES PERSPECTIVES

Les Travaux souterrains de Paris — Les Égouts.

Echelle 4

PANTIN
LE PRE St GERVAIS
Clignancourt
La Chapelle
La Villette
Montmartre
Belleville
Charonne
Charonne
Ménilmontant
Bercy
La Grande Pinte
La Gare
Les Mlns Blanche
La Glacière
Mont Rouge
Petit Montrouge
GENTILLY
Conflans
Les Carrières
CHARENTON
Fleuve

PLAN DU SYSTÈME DES ÉGOUTS COLLECTEURS
Situation de l'exécution en 1878.
Bassin du collecteur d'Asnières.
des Coteaux.
des Marais.
de la Bièvre.
Égouts continuant à se déverser en Seine dans la traversée de Paris.
Collecteurs à bateaux-vannes.
à wagons-vannes.
restant à exécuter.
CLICHY
COURBEVOIE
Courcelles
Villiers
Levallois
LEVALLOIS-PERRET
Champerret
NEUILLY
Sablonville
Les Batignolles
PUTEAUX
Monceaux
St James
Madrid
BOIS
DE
BOULOGNE
Passy
Auteuil
Grenelle
SURESNES
COLLECTEUR
DEBILLY
COLLECTEUR DE GRENELLE
COLLECTEUR DE
COLLECTEUR BOSQUET
BOULOGNE
Mare de Saint-James
d'Auteuil
Vaugirard
Billancourt
ISSY
SÈVRES
VANVES
La Nouvelle Californie
Bellevue
Bas Meudon
Les Moulineaux
Fort d'Issy
MONTROUGE
Les Travaux souterrains de Paris — Les Égouts.
Échelle de

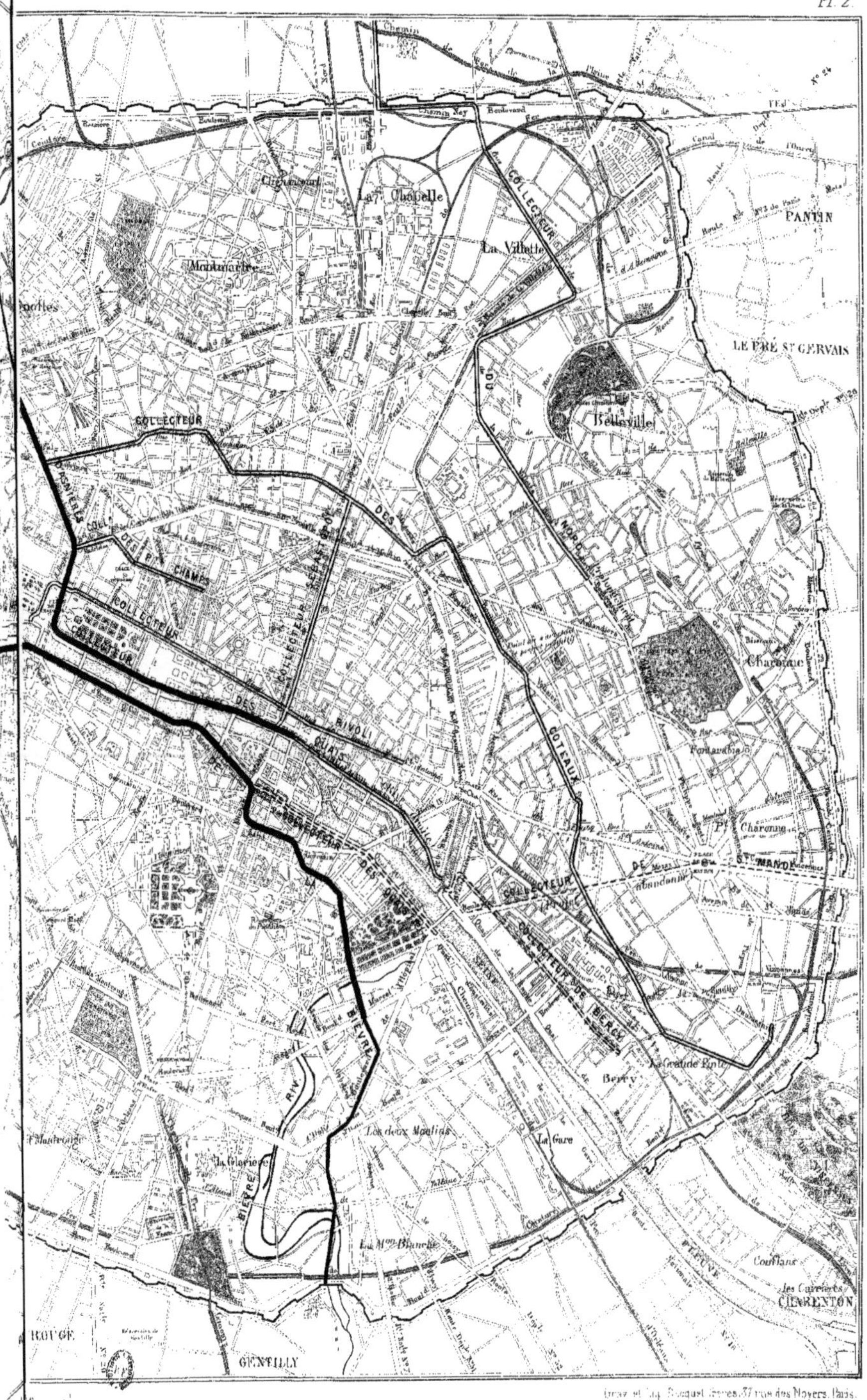
Clignancourt
La Chapelle
Montmartre
La Villette
PANTIN
LE PRÉ St GERVAIS
Belleville
COLLECTEUR
COLLECTEUR DES PETITS CHAMPS
COLLECTEUR DE RIVOLI
COLLECTEUR DES HALLES
Charonne
P.¹ Charonne
Pl. Charonne
VINCENNES
BIÈVRE
Les deux Moulins
La Gare
Bercy
La Grande Ent.
COLLECTEUR DE BERCY
Confluent
les Carrières
CHARENTON
ROUGE
GENTILLY
COTEAUX
Grav et Imp. Becquet frères, 57 rue des Noyers, Paris.

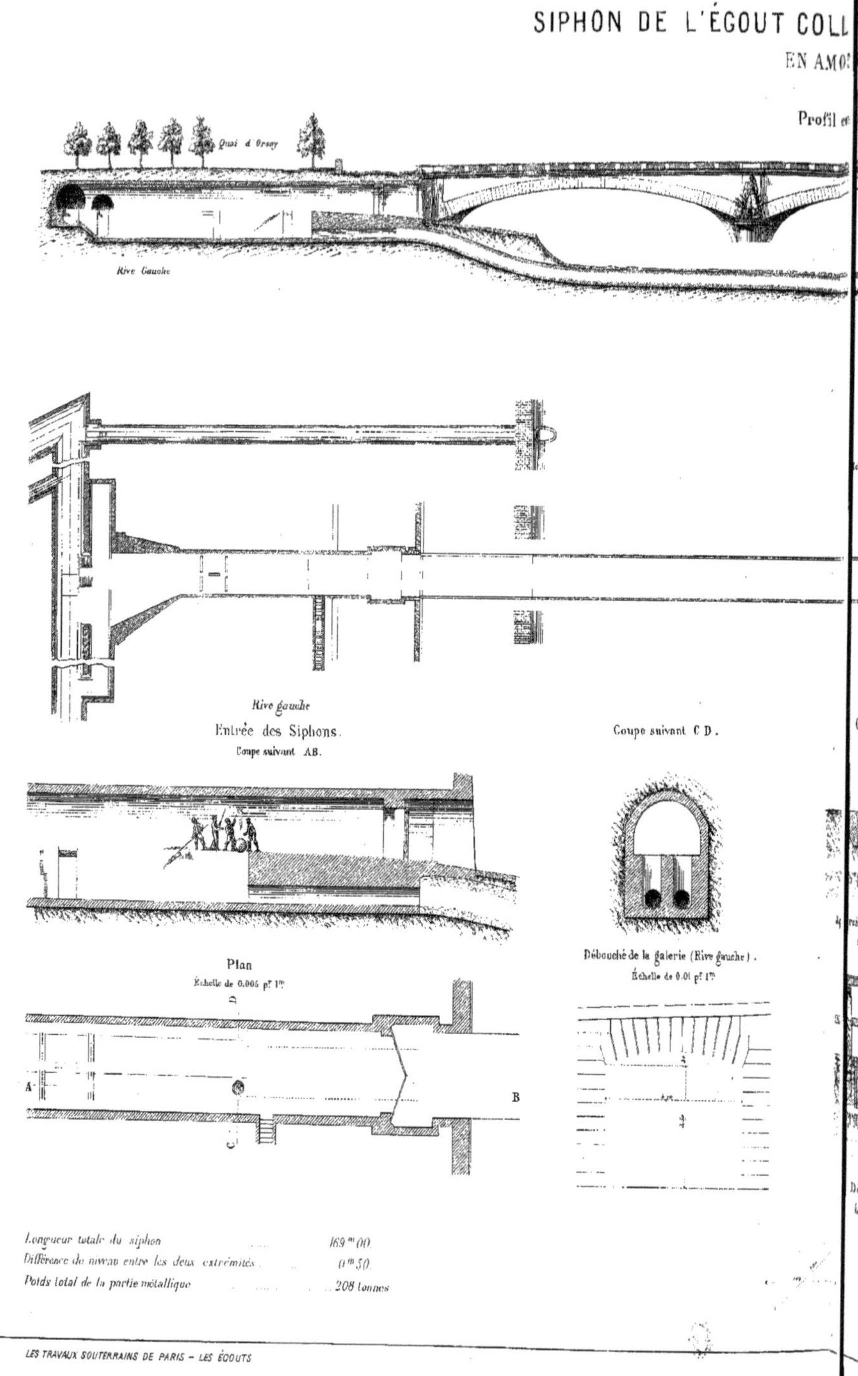
SIPHON DE L'ÉGOUT COLL CTE
EN AMO T DU
Profil en long
Quai d'Orsay
Rive Gauche
Rive gauche
Entrée des Siphons.
Coupe suivant AB.
Coupe suivant C D.
Plan
Échelle de 0.005 p.r 1.m
Débouché de la galerie (Rive gauche).
Échelle de 0.01 p.r 1.m
A
B
C
D
Longueur totale du siphon .... 169 m 00
Différence de niveau entre les deux extrémités ...... 0 m 50
Poids total de la partie métallique .... 208 tonnes
LES ÉCO

COLLECTEUR DE LA RIVE GAUCHE DE LA SEINE
ONT DU PONT DE L'ALMA

en long suivant le siphon d'amont
Échelle de 0ᵐ·0025 pour 1 mètre

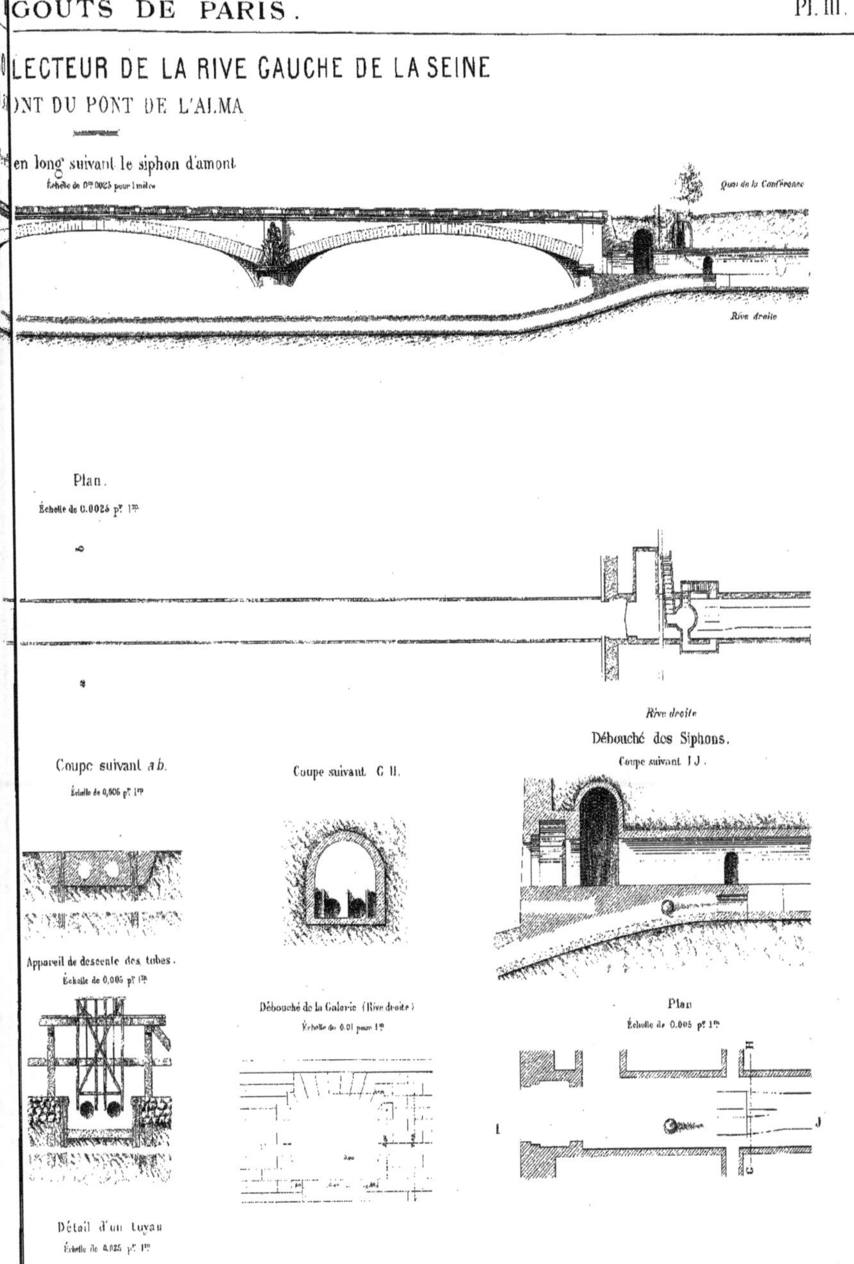

ÉGOUTS NOU[VEAUX]

TYPE N° 1.
Collecteur général d'Asnières
en tranchée — en souterrain

TYPE N° 2.
Galerie du boulevard de Sébastopol.

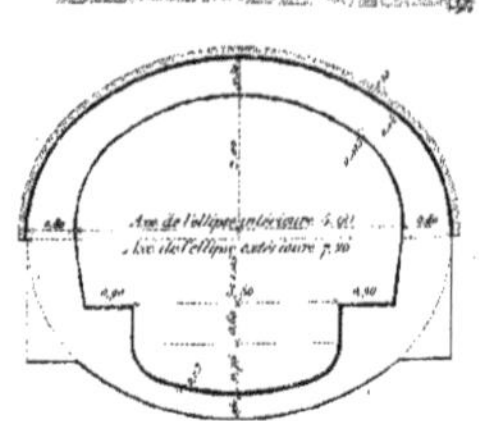
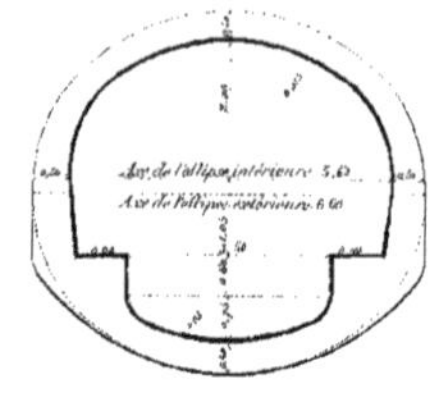
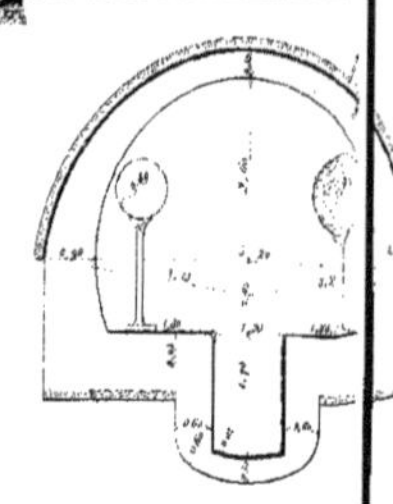

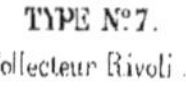

TYPE N° 6.
Galerie du Boulevard St Michel.
(au dessus du boulevard St Germain)

TYPE N° 6 bis
Collecteur des Coteaux (partie haute),
Collecteur des Petits Champs, etc.

TYPE N° 7.
Collecteur Rivoli.

TYPE N° 8.

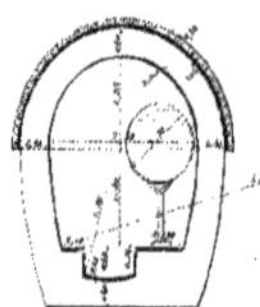
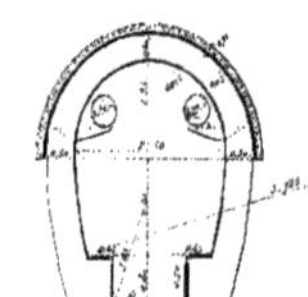
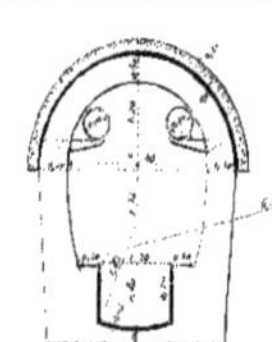
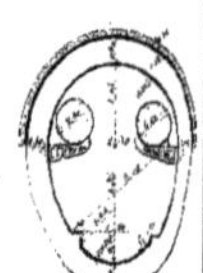

TYPE N° 13.

TYPE N° 13 bis

TYPE N° 14.

BRANCHEMENT
DE REGARD

BRANCHEMENT
DE [VOÛTE]

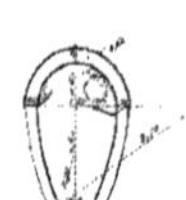
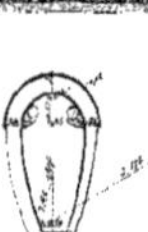
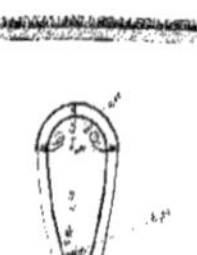
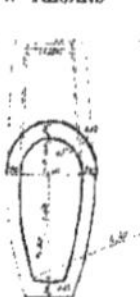
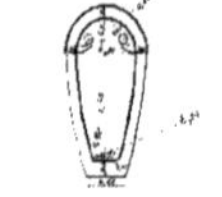

Égout de Ceinture.

Rue des Filles du Calvaire. — Rue du Château d'Eau. — Égout de la rue St Denis.

ÉGOUTS AN[CIENS]

Égout de la rue Montmartre.

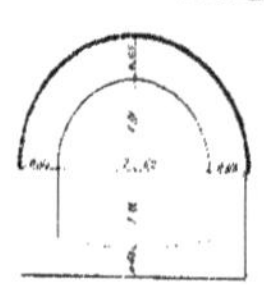
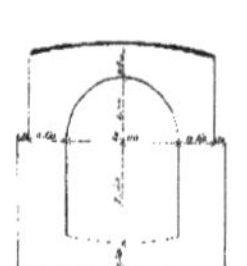
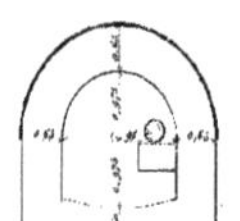
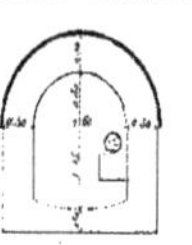

Échelle de 1 centimètre [...]

MATÉRIAUX EMPLOYÉS A LA CONSTRUCTION DES NOUVEAUX ÉGOUTS _ GROS ŒUVRE _ Moellon et mortier de chaux hydraulique ou de ciment de Vassy. Le mortier de ciment est seul adopté, en principe, et son emploi permet de réduire du tiers les épaisseurs de maçonnerie indiquées sur cette planche, pour les types N°s 2 à 11 qui correspondent à l'emploi de la chaux. Le type N° 1 (Collecteur d'Asnières) a été établi : en tranchée, avec mortier de chaux hydraulique ; en souterrain, avec mortier de ciment. Les épaisseurs des types N°s 12 à 14 supposent l'emploi du ciment.

ENDUITS INTÉRIEURS _ Voûte et piédroits, en mortier de ciment de Portland _ Les épaisseurs primitivement adoptées [...] réduites à 0m 01 _ Remarque : La voûte et les piédroits [...] pas reçu d'enduit, leur parement intérieur étant [...]

OUVEAUX

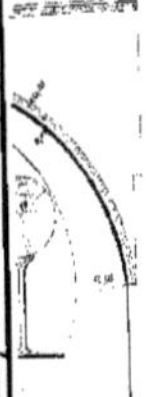

TYPE N.º 3.
Collecteur de la Bièvre et Quais des Tuileries,
du Louvre et de la Mégisserie.

TYPE N.º 4.
Galerie du boulevard St Michel.
(entre la place St Michel et le boulevard St Germain)

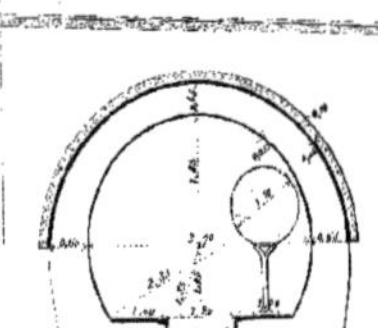

TYPE N.º 5.
Quais de Gesvres, de l'Hôtel de Ville, etc. Collecteurs
des Coteaux (partie basse), du Nord et de l'av.º Bosquet.

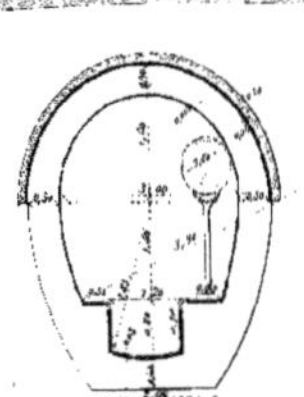

TYPE N.º 9.

TYPE N.º 10.

TYPE N.º 11.

TYPE N.º 12.

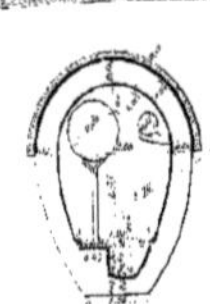

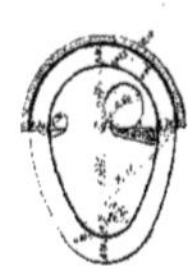

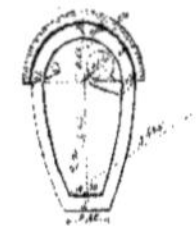

BRANCHEMENTS PARTICULIERS.

N.º 1.   N.º 2.   N.º 3.   N.º 4.

ANCIRMENT
E BOUCHE

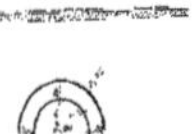
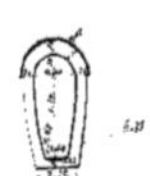
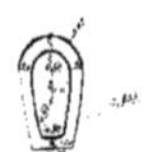
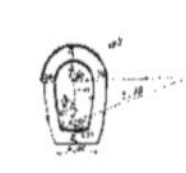

NCIENS

Égouts ordinaires.

Grande section   Moyenne section   Petite section

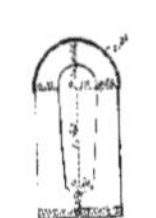
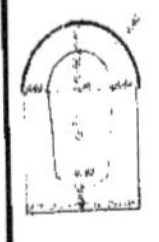

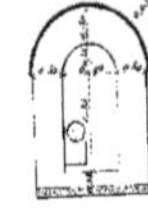
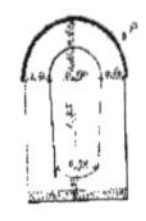
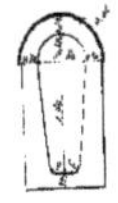

0.ᵐ 015 pour la voûte et les piédroits sont aujourd'hui
es égouts Sébastopol (type N.º 2) et Rivoli (type N.º 1) sont
en moellon smillé.

CHAPES. Les chapes ont été, dans l'origine, composées d'un enduit en mortier de ciment de Vassy de 0.ᵐ 04 d'épaisseur
et d'une couche de béton de 0.ᵐ 10 ; elles sont aujourd'hui réduites à un enduit de 0.ᵐ 02 en mortier de
ciment sans superposition de béton.

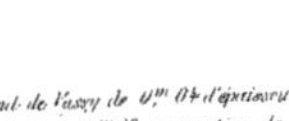

Imp. Becquet frères. 37. rue des Noyers. Paris.

LÉGENDE
Égouts construits
avant 1856
de 1857 à 1878
de 1879 à 1885
COURBEVOIE
CLICHY
Courcelles
Villiers
Levallois
LEVALLOIS-PERRET
Champerret
NEUILLY
Sablonville
PUTEAUX
Madrid
SURESNES
PLEUVE
BOIS DE BOULOGNE
SEINE
Auteuil
Grenelle
Vaugirard
BOULOGNE
SEINE
Billancourt
SÈVRES
ISSY
VANVES
La Nouvelle Californie
Bellevue
Bas-Meudon
Les Moulineaux
MONTROUGE
Les Travaux souterrains de Paris — Les Égouts.
Échelle

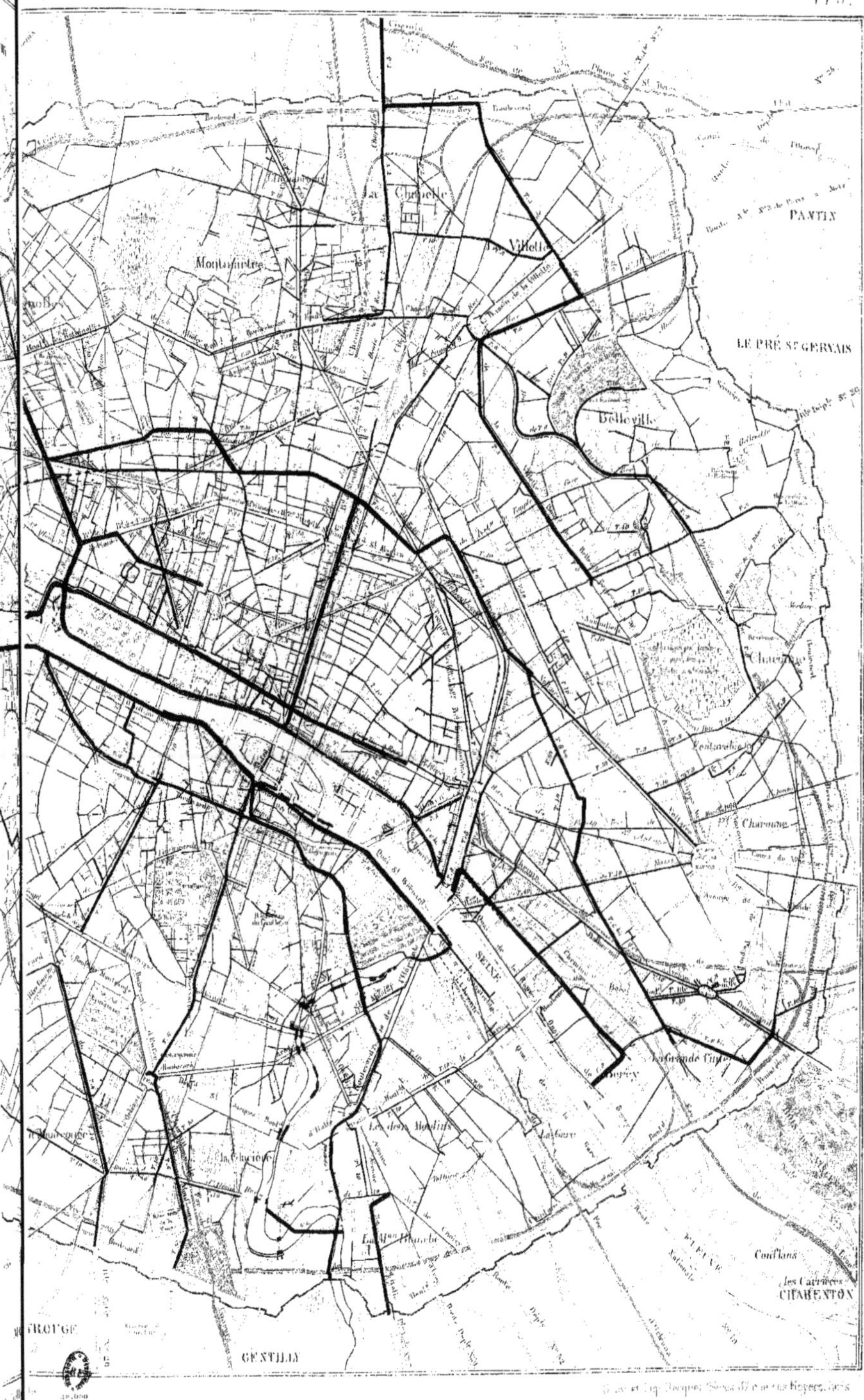
PANTIN
LE PRÉ St GERVAIS
La Chapelle
Villette
Montmartre
Belleville
Charonne
Pt de Charonne
Seine
La Grande Carré
Bercy
Les deux Moulins
La Glacière
Conflans
les Carrières
CHARENTON
MONTROUGE
GENTILLY

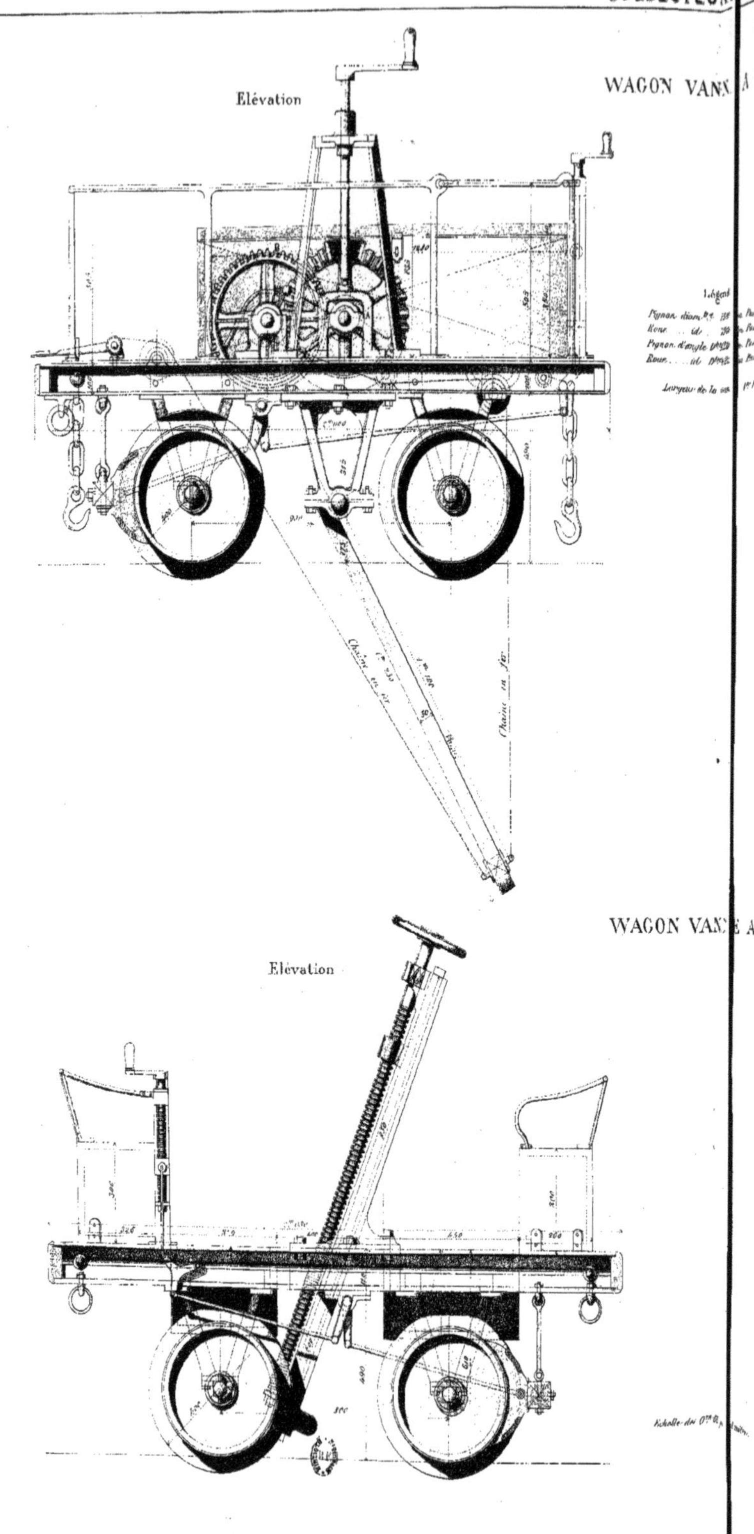
Elévation
WAGON VANNE A
Légende
Pignon diam.
Roue
Pignon d'angle
Roue
Largeur de la voie
Chaîne en fer
Elévation
WAGON VANNE A
Echelle de
Les Travaux souterrains de Paris. Les Égouts.

...N VANNE A TREUIL.

Coupe

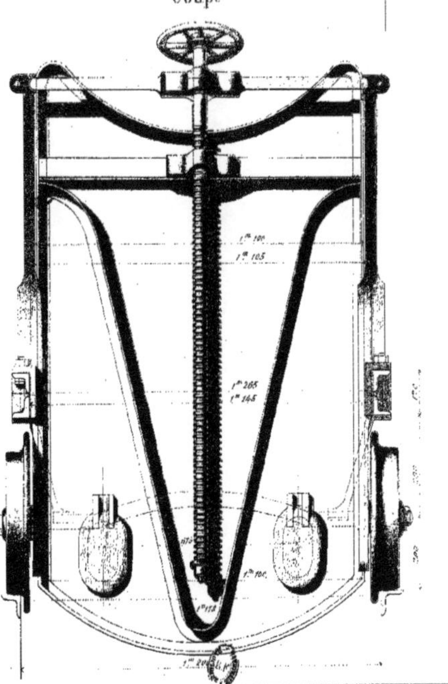

...N VANNE A VIS

WAGON A BASCULE

Grand Modèle

Coupe

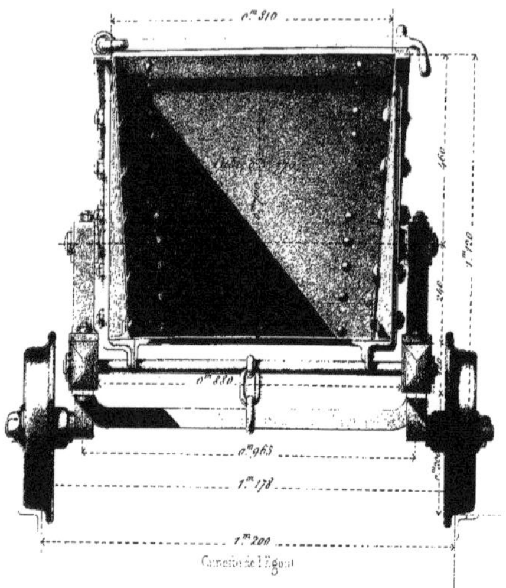

Elévation

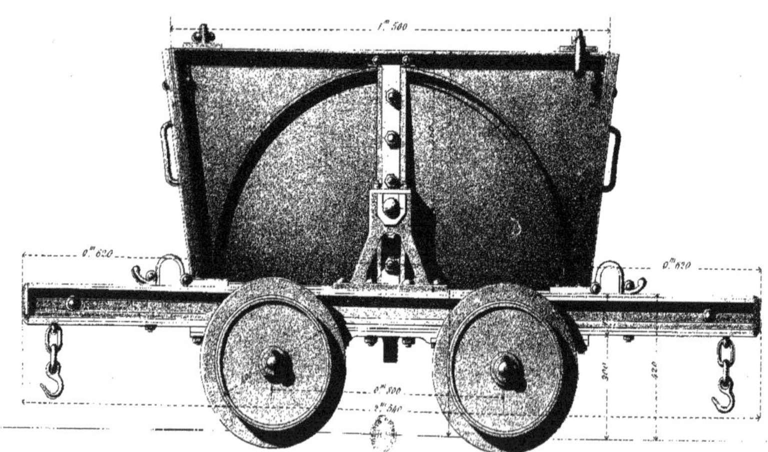

Échelle de 0.m8 par mètre.

WAGON A BASCULE

Petit Modèle

Vue latérale

Elévation

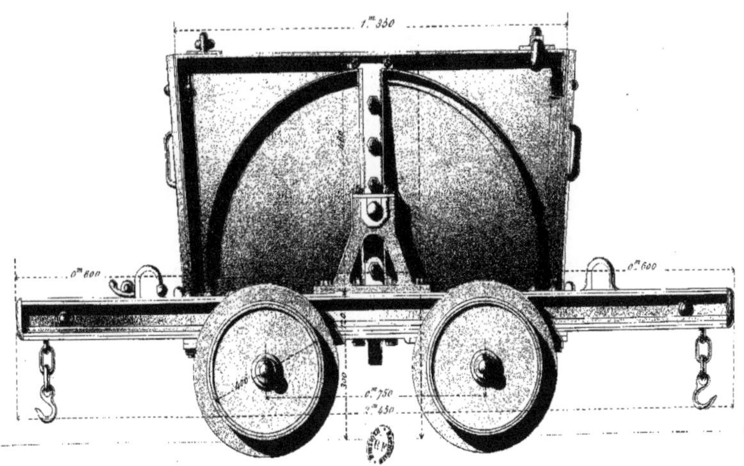

Imp. Becquet frères, 57, rue des Noyers, Paris.

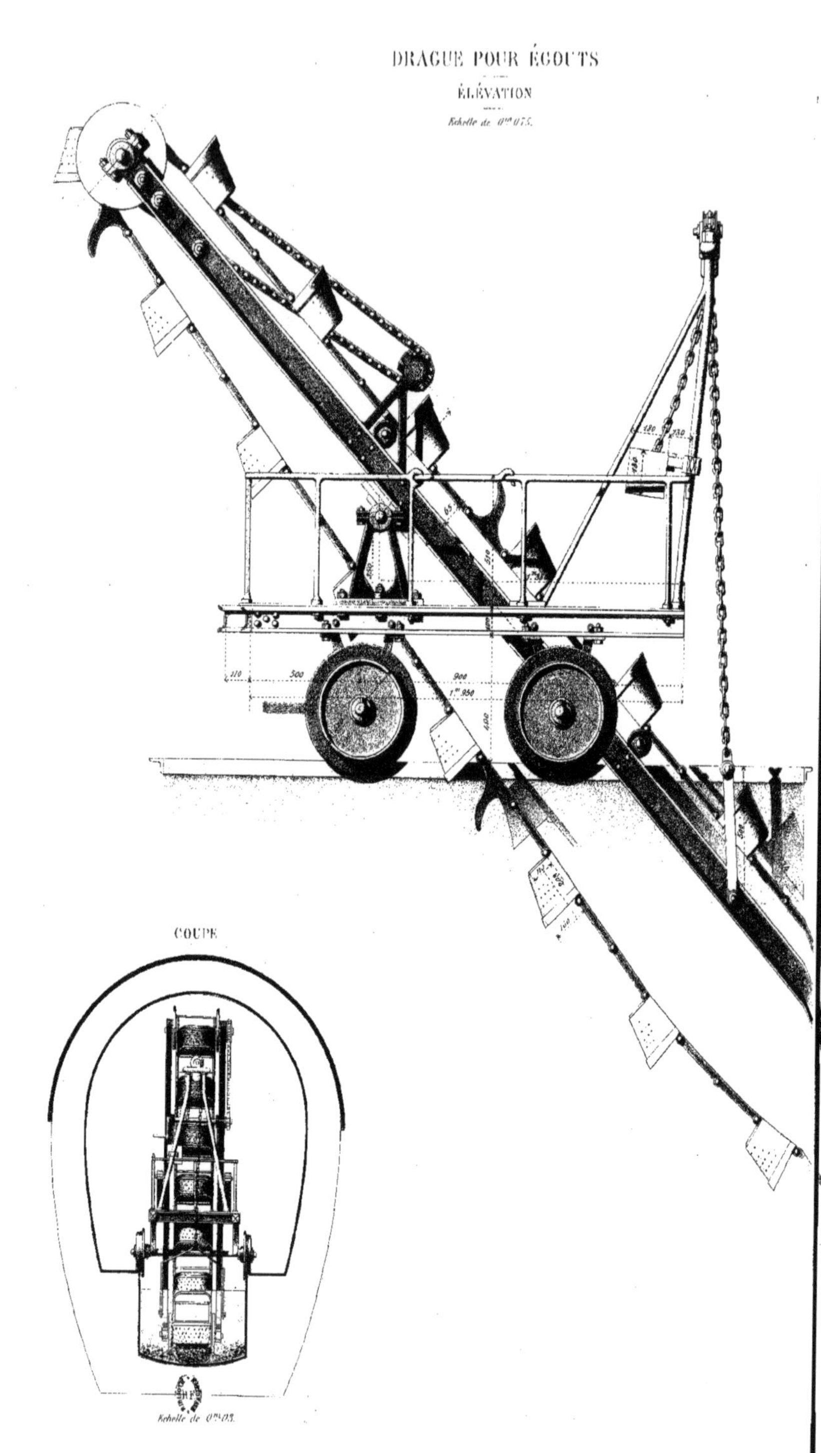

Les Travaux souterrains de Paris _ Les Égouts.

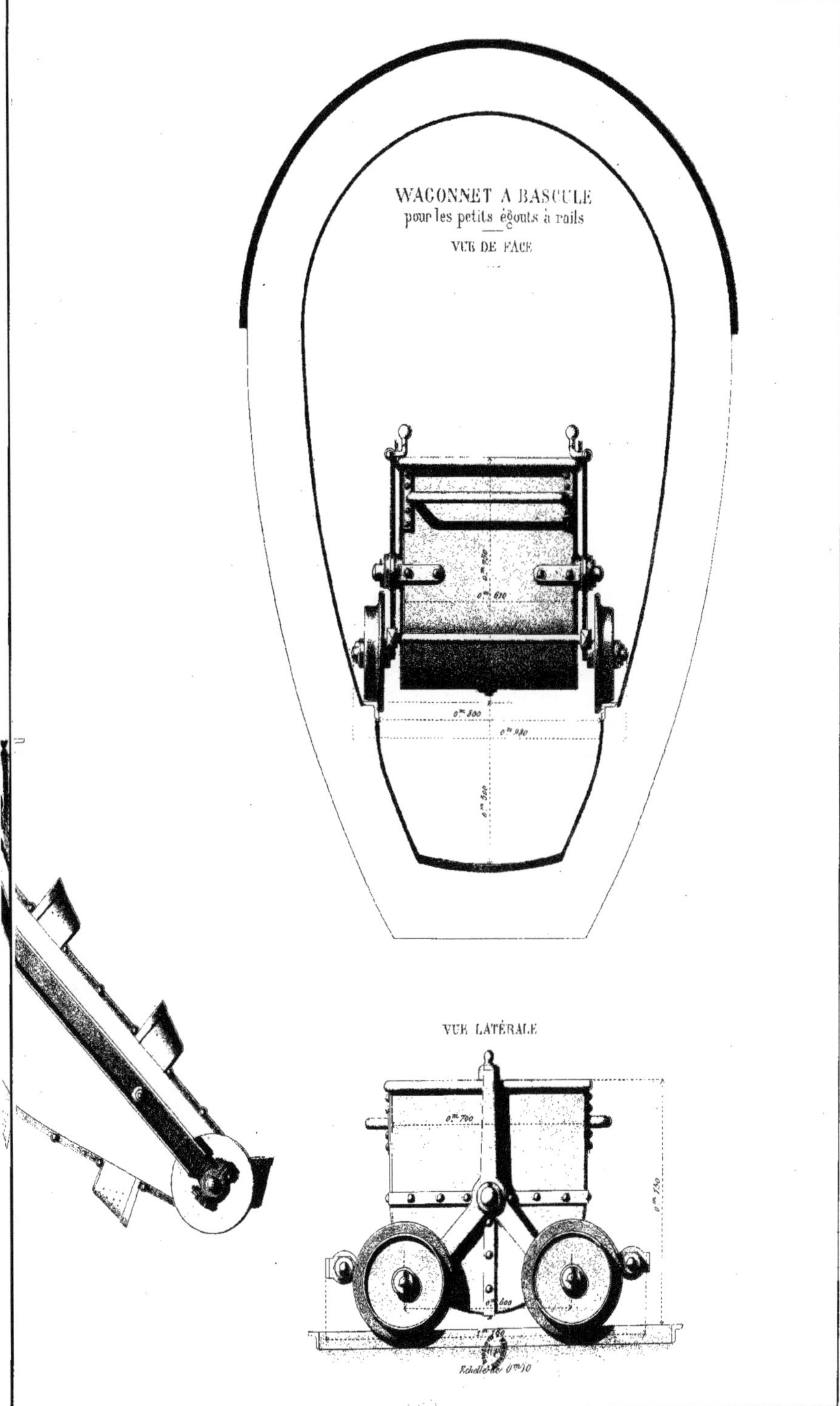

Imp. Becquet frères, 37, rue des Noyers, Paris.

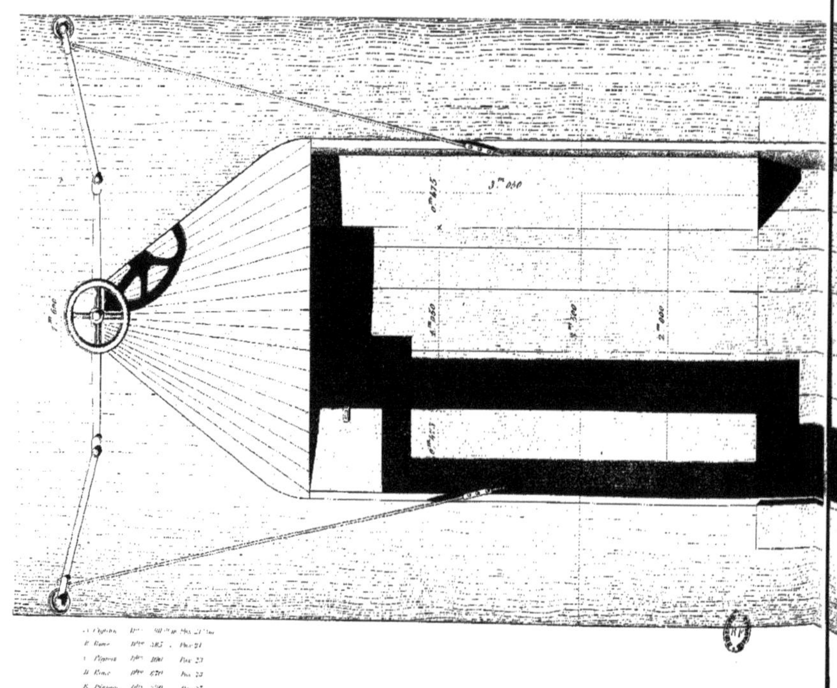

Les Travaux souterrains de Paris. Les Égouts.

UR GÉNÉRAL

TEAU-VANNE

ation

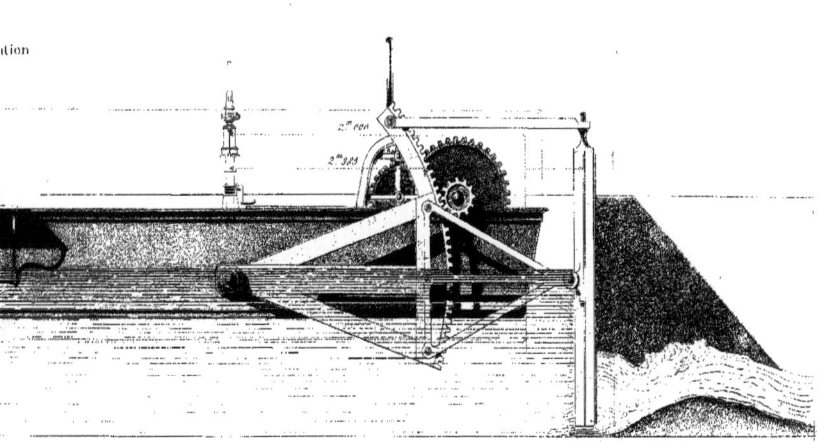

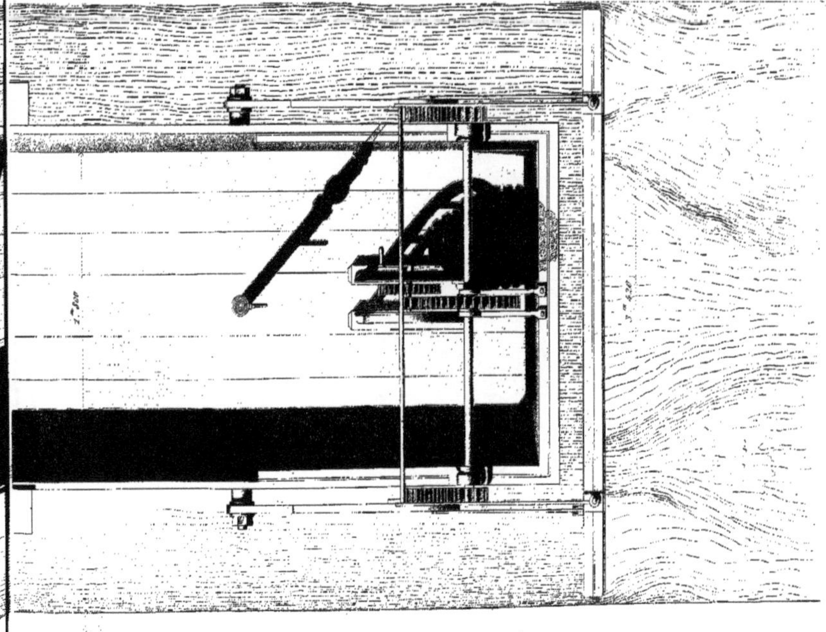

UR GÉNÉRAL

V. de Paule del.

Imp Benquet freres, 37, rue des Noyers, Paris.

BATEAU-VANNE

VANNE EN BOIS (Collecteur des Quais)

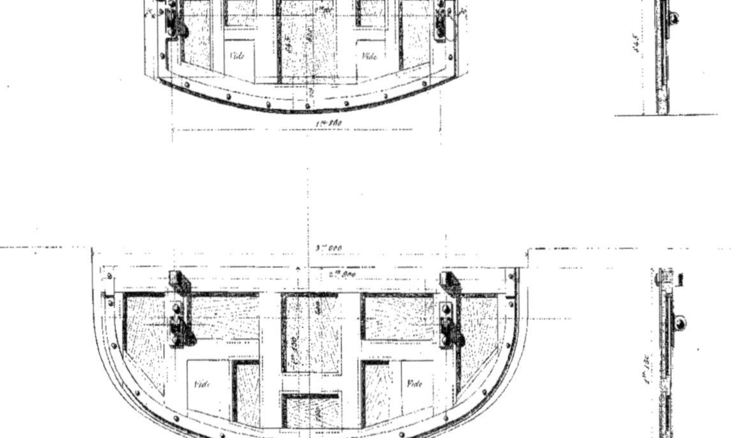

VANNE EN BOIS (Collecteur d'Asnières)

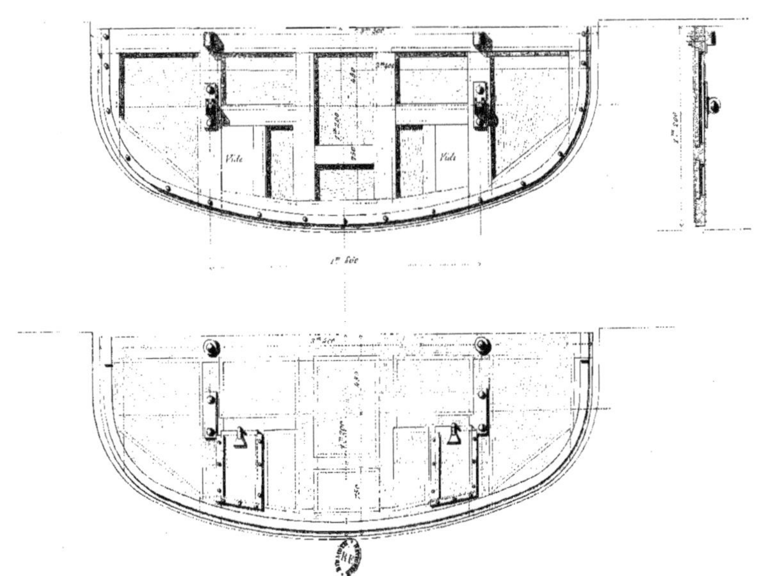

Échelle de 0m,05 par mètre.

COLLECTEUR GÉNÉRAL

VANNE DE BARRAGE ET SA CHAMBRE.

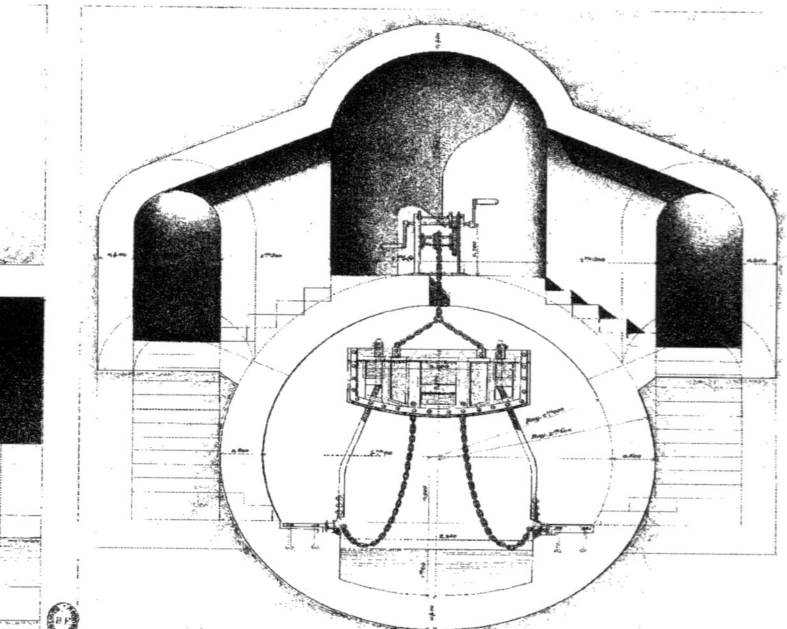

COLLECTEUR GÉNÉRAL

Coupe en Long.

COLLECTEUR GÉNÉRAL

Coupe en Travers.

Échelle de 0m,025 pour un mètre.

COLLECTEURS A RAILS

PLAQUES TOURNANTES.

Type 1ᵉʳ

Type 2ᵉᵐᵉ

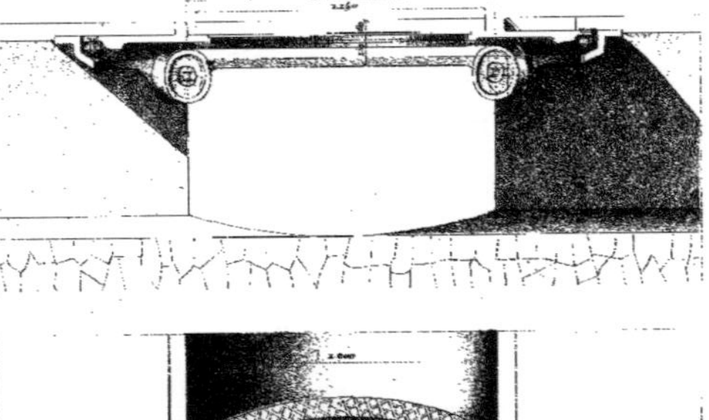

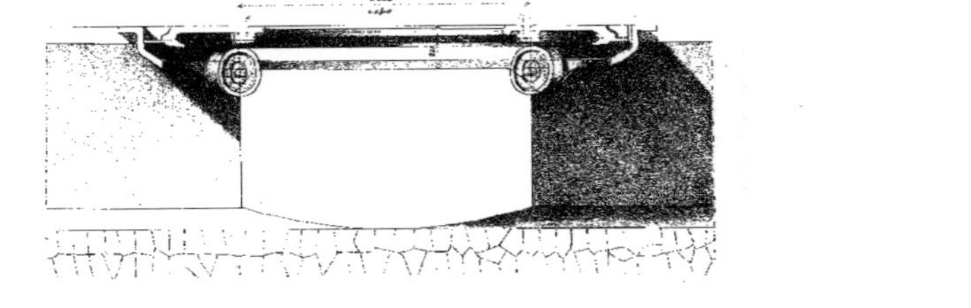

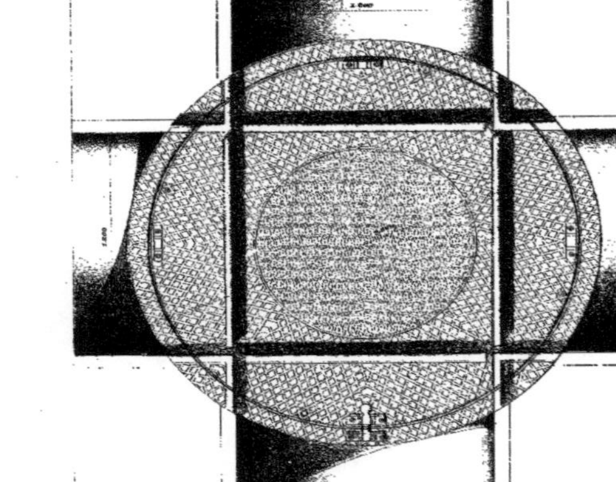

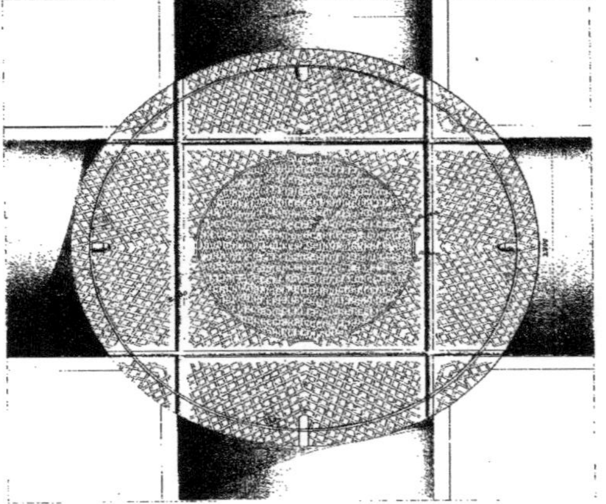

Échelle de 0ᵐ05 pour un mètre.

Les Travaux souterrains de Paris. Les Égouts.

Imp. Becquet frères. 37 rue des Noyers, Paris.

BULGRAND. Les Travaux souterrains de Paris. — Les Égouts.

A Conduite d'eau de la Vanne de 1m,10 de diamètre.
B Tuyaux de décharge.
C Robinet vanne.
D Prise d'eau.
E Colonnettes en fonte supportant la conduite.
F Fils télégraphiques et téléphoniques.

Vue perspective de la

Chambre du Châtelet.

G Tube pneumatique postal.
H Supports de lampes destinées à
   l'éclairage de la chambre.
K Banquettes de l'égout.
L Cunette de l'égout.
M Cornières en fer servant de rails.
N Wagonnet pour la visite des égouts

BELGRAND. Les travaux souterrains de Paris. Les Égouts.

A Conduite d'eau de la Vanne
   de 1m10 de diamètre.
B Tuyau de décharge
C Cunette de l'égout.
D Arcs-Boutants.
E Colonnettes en fonte supportant
   les conduites.

Jonction de la galerie du pont au Change av[ec]

...ange avec la galerie de Sébastopol.

F. Fils télégraphiques et téléphoniques.
G Banquette de la galerie Sébastopol.
H Cornière en fer servant de rail.
K Radier de la galerie de jonction.
L Gradins conduisant à la
    galerie du pont.

Vue perspective de la galerie du Ba[...]
avec le collect[...]

...ulevart Sébastopol à sa jonction
...tour Rivoli.

G Tube pneumatique postal.
H Tuyaux de décharge.
K Banquette de la galerie Sébastopol.
L Cunette ...... id ....
M Plaque tournante.
N Égout de la rue de Rivoli.
O Cunette de l'égout de la rue de Rivoli.
P Cornières en fer servant de rails.

BELGRAND. Les travaux souterrains de Paris. Les Égouts.

A   Conduite d'eau de la Vanne de 1.10 de diamètre.
B   id   Ourcq   0.80   id
C   id   id   0.70   id
D   id   Seine   0.65   id
E   id   de la Vanne 0.10   id
F   Banquettes
G   Lunette.

Vue perspective de la galerie.

du Boulevard Sébastopol.

H Cornières en fer servant de rails
J Wagon-Vanne
K Fils télégraphiques et fils téléphoniques
L Tuyaux de décharge
M Colonnettes en fonte supportant les conduites

BELGRAND.. Les Travaux souterrains de Paris.. Les Égouts.

A   Conduite d'eau d'Ourcq de 0,40 de diamètre.
B   ..... id .... de la Vanne .. 0,25 ....id
C   .....id .... de Seine .. 0,15 .... id
D   Tube pneumatique postal.
E   Fils télégraphiques et téléphoniques.
F   Prise d'eau.

Vue perspective de la galerie

...rie de la rue de Rivoli.

G Branchements.
H Consoles.
J Banquettes.
K Cornières en fer servant de rails...
L Cunette de l'égout.

14030 — PARIS, IMPRIMERIE A. LAHURE

9, rue de Fleurus, 9

www.ingramcontent.com/pod-product-compliance
Ingram Content Group UK Ltd.
Pitfield, Milton Keynes, MK11 3LW, UK
UKHW020403180726
13839UKWH00003B/1243